Racines de l'unité

© mai 2023, R.S.

I0505057

Table des matières

R.S.
17/05/23

A Victor et Amélie

« L'**unité** se nourrit de la tolérance et prend ses **racines** dans la fraternité. »

"Il vaut mieux viser la perfection et la manquer
que viser l'imperfection et l'atteindre."

Bertrand Russell

1. Définition

Nous allons voir comment les racines de l'unité sont utilisées pour calculer des sommes de fonctions modulo k. Mais aussi pour d'autres calculs tout à fait édifiants. Ce filtre modulaire résout des équations diophantiennes, des sommes à coefficients binomiaux, de nombreuses séries et même des intégrales. Prenez place dans un voyage guidé accompagné d'exemples clairs, dans le monde merveilleux des mathématiques.

Commençons par une définition. Les racines de l'unité sont les solutions de l'équation suivante :

$$x^n - 1 = 0 \ avec \ n \in \mathbb{N} \ et \ x \in \mathbb{C} \qquad\qquad 1$$

Par exemple :

$$n = 1 \rightarrow x = 1$$

$$n = 2 \rightarrow x^2 = 1 \rightarrow x = \{1; -1\}$$

$$n = 3 \rightarrow x^3 = 1 \rightarrow x = \left\{1; e^{\frac{i\pi}{3}}; e^{\frac{2i\pi}{3}}\right\}$$

$$...$$

D'où :

$$x^n - 1 = 0 \rightarrow x_k = e^{\frac{2i\pi k}{n}} = w^k \ avec \ 0 \le k < n \ et \ w = e^{\frac{2i\pi}{n}} \qquad 2$$

Il existe donc au plus n solutions. A noter que :

$$\sum_{k=0}^{n-1} w^k = \sum_{k=0}^{n-1} e^{\frac{2i\pi k}{n}} = \frac{1 - e^{2i\pi}}{1 - e^{\frac{2i\pi}{n}}} = 0 \qquad\qquad 3$$

Et :

$$x^n - 1 = \prod_{k=0}^{n-1} (x - w^k) \qquad\qquad 4$$

Mais à quoi cela peut-il bien servir ? Ces racines sont utilisées pour résoudre des problèmes mathématiques de manière élégante.

2. Filtre modulaire

Pour toute fonction continue g, on a modulo n :

$$g(x) \bmod n = \frac{1}{n}\big(g(x) + g(wx) + g(w^2x) + \cdots + g(w^{n-1}x)\big) \qquad 5$$

Par exemple si :

$$g(x) = x^2 - 5x + 6$$

Alors :

$$g(x) \bmod 2 \to n = 2 \to w^k = \{1; -1\}$$

Et :

$$g(x) \bmod 2 = \frac{1}{2}\big(g(x) + g(-x)\big) = \frac{1}{2}(x^2 - 5x + 6 + x^2 + 5x + 6) = x^2 + 6$$

Ou bien :

$$g(x) \bmod 4 \to n = 4 \to w^k = \{1; -1; i; -i\}$$

Et :

$$g(x) \bmod 4 = \frac{1}{4}\big(g(x) + g(-x) + g(ix) + g(-ix)\big)$$

$$= \frac{1}{4}(x^2 - 5x + 6 + x^2 + 5x + 6 + (-ix)^2 - 5(-ix) + 6 + (ix)^2 - 5(ix) + 6) = 6$$

C'est remarquable ! On sait calculer la modularité d'une fonction quelconque.

R.S.
17/05/23

3. Equation diophantienne

On cherche les solutions des équations à deux inconnues $(x; y)$ de la forme suivante :

$$n = 0 : a_{00} = 0$$

$$n = 1 : a_{00} + a_{10}x + a_{01}y + a_{11}xy = 0$$

$$n = 2 : a_{00} + a_{10}x + a_{01}y + a_{11}xy + a_{20}x^2 + a_{02}y^2 + a_{21}x^2y + a_{12}xy^2 + a_{22}x^2y^2 = 0$$

...

n représente le degré maximal d'une inconnue dans l'équation. On peut représenter les coefficients a_{ij} sous forme matricielle. Soit :

	x^0	x^1	x^2	x^3	x^4	...	x^n
y^0	a_{00}	a_{10}	a_{20}	a_{30}	a_{40}	...	a_{n0}
y^1	a_{01}	a_{11}	a_{21}	a_{31}	a_{41}	...	a_{n1}
y^2	a_{02}	a_{12}	a_{22}	a_{32}	a_{42}	...	a_{n2}
y^3	a_{03}	a_{13}	a_{23}	a_{33}	a_{43}	...	a_{n3}
y^4	a_{04}	a_{14}	a_{24}	a_{34}	a_{44}	...	a_{n4}
$\vdots$	$\vdots$	$\vdots$	$\vdots$	$\vdots$	$\vdots$	$\ddots$	$\vdots$
y^n	a_{0n}	a_{1n}	a_{2n}	a_{3n}	a_{4n}	...	a_{nn}

Ce problème se résume à trouver toutes les solutions des deux inconnues $(x; y)$ telles que :

$$\sum_{i=0}^{n-1}\sum_{j=0}^{n-1} a_{ij}x^iy^j = 0 \qquad 6$$

Or on remarque assez simplement que ces équations se factorisent comme suit :

$$n = 1 : a_{00} + a_{10}x + a_{01}y + a_{11}xy = 0 \rightarrow (u + vx)(p + qy) = 0$$

Avec :

$$\begin{cases} up = a_{00} \\ uq = a_{01} \\ vp = a_{10} \\ vq = a_{11} \end{cases}$$

$$n = 2 : a_{00} + a_{10}x + a_{01}y + a_{11}xy + a_{20}x^2 + a_{02}y^2 + a_{21}x^2y + a_{12}xy^2 + a_{22}x^2y^2 = 0$$

Soit :

$$(u + vx + wx^2)(p + qy + ry^2) = 0$$

Avec :

$$\begin{cases} up = a_{00} \\ uq = a_{01} \\ vp = a_{10} \\ vq = a_{11} \\ wq = a_{21} \\ vr = a_{12} \\ ur = a_{02} \\ wp = a_{20} \\ wr = a_{22} \end{cases}$$

On a donc la factorisation équivalente suivante :

$$\left(\sum_{i=0}^{n} u_i x^i\right)\left(\sum_{i=0}^{n} v_i y^j\right) = 0 \qquad\qquad 7$$

Enfin, il est à noter que les équations de la formes suivantes sont également équivalentes à la précédente :

$$\sum_{i=0}^{n-1}\sum_{j=0}^{n-1} a_{ij}x^{im}y^{jm} = 0 \; et \; \left(\sum_{i=0}^{n} u_i x^{im}\right)\left(\sum_{i=0}^{n} v_i y^{jm}\right) = 0 \; \forall m \geq 1 \qquad 8$$

Par exemple, comme :

$$n = 2 \rightarrow ax_1 + bx_1y_1 + cy_1 = d \rightarrow (u + vx_1)(p + qy_1) = 0$$

Alors :

$$ax^m + bx^m y^m + cy^m = d \rightarrow (u + vx^m)(p + qy^m) = 0 \rightarrow \begin{cases} x = x_1^{\frac{1}{m}} \\ y = y_1^{\frac{1}{m}} \end{cases}$$

Pour conclure, nous allons nous arrêter sur ces équations avec uniquement des coefficients unitaires. Soit :

$$a_{ij} = 1 \; \forall i, j \geq 0 \qquad\qquad 9$$

Par exemple :

$$n = 2 \rightarrow 1 + x + y + xy = 0 \rightarrow (1 + x)(1 + y) = 0$$
$$\rightarrow (x; y) = (-1; -1) \rightarrow 1\ solution$$

$$n = 3 \rightarrow 1 + x + y + xy + x^2 + y^2 + xy^2 + x^2y + x^2y^2 = 0$$
$$\rightarrow (1 + x + x^2)(1 + y + y^2) = 0$$
$$\rightarrow (x; y) = \{(z; z); (z; \overline{z}); (\overline{z}; z); (\overline{z}; \overline{z})\}\ avec\ z = \frac{-1 + i\sqrt{3}}{2} \rightarrow 4\ solutions$$

En reprenant les équations solutions précédentes, on obtient :

$$\sum_{i=0}^{n} x^i = \frac{1 - x^{n+1}}{1 - x} \rightarrow \sum_{i=0}^{n-1}\sum_{j=0}^{n-1} x^i y^j = \left(\sum_{i=0}^{n} x^i\right)\left(\sum_{i=0}^{n} y^j\right) = \frac{1 - x^{n+1}}{1 - x} \cdot \frac{1 - y^{n+1}}{1 - y} = 0 \quad 10$$

D'où :

$$(1 - x^{n+1})(1 - y^{n+1}) = 0 \rightarrow \begin{cases} x^{n+1} = 1 \\ y^{n+1} = 1 \end{cases} \rightarrow \begin{cases} x = e^{\frac{2i\pi r_x}{n+1}} \\ y = e^{\frac{2i\pi r_y}{n+1}} \end{cases} avec\ r_x, r_y \in [0; n] \quad 11$$

Car la racine de l'unité vaut :

$$1 = e^{2i\pi r}\ \forall r\ entier$$

On connait donc ainsi toutes les solutions quel que soit le degré n. Et en prenant toutes le combinaisons des solutions de x et y et en considérant r_x et r_y toujours premiers entre eux, on a au plus :

$$\underbrace{\frac{(n + 1)!}{}}_{\substack{nombre \\ de \\ combinaisons}} - \underbrace{\lfloor\sqrt{n + 1}\rfloor}_{\substack{doublons \\ carrées\ si\ x=y \\ car\ (x;y)=(y;x)}} \quad solutions = \{1; 5; 22; ...\} \quad 12$$

A noter que la somme des racines de l'unité est toujours nulle. Soit :

$$w^k = e^{\frac{2i\pi k}{n}} \rightarrow \sum_{k=0}^{n-1} w^k = 0\ et\ \sum_{k=0}^{+\infty} w^k = 0\ car\ w^k = w^{k+n}\ (cyclique\ modulo\ n) \quad 13$$

4. Somme de coefficients binomiaux

Une application du résultats précédent des racines de l'unité consiste à calculer une somme de coefficients binomiaux avec un pas supérieur à un. Préalablement on rappelle la définition du binôme de Newton :

$$(1+x)^n = \sum_{k=0}^{n} \binom{n}{k} x^k = \sum_{k=0}^{+\infty} \binom{n}{k} x^k \ car \ \binom{n}{k} = 0 \ si \ k > n \qquad 14$$

Et en particulier :

$$si \ x = 1 \rightarrow \sum_{k=0}^{n} \binom{n}{k} = 2^n \qquad 15$$

Mais comment calculer cette somme si on compte par exemple de 3 en 3 ? et jusqu'à l'infini ? C'est-à-dire :

$$16 \quad \begin{cases} S_0 = \sum_{k=0}^{+\infty} \binom{n}{3k} = \binom{n}{0} + \binom{n}{3} + \cdots + \binom{n}{3k} + \cdots + \binom{n}{3\left\lfloor\frac{n}{3}\right\rfloor} \\ S_1 = \sum_{k=0}^{+\infty} \binom{n}{3k+1} = \binom{n}{1} + \binom{n}{4} + \cdots + \binom{n}{3k+1} + \cdots + \binom{n}{3\left\lfloor\frac{n-1}{3}\right\rfloor+1} \\ S_2 = \sum_{k=0}^{+\infty} \binom{n}{3k+2} = \binom{n}{2} + \binom{n}{5} + \cdots + \binom{n}{3k+2} + \cdots + \binom{n}{3\left\lfloor\frac{n-2}{3}\right\rfloor+2} \end{cases}$$

Dans ce cas, on utilise :

$$1 = e^0; w = e^{\frac{2i\pi}{3}}; w^2 = e^{\frac{4i\pi}{3}} \ et \ w^{3k+r} = w^r \ avec \ r = \{0; 1.2\}$$

De plus :

$$(1+1)^n = \sum_{k=0}^{n} \binom{n}{k} = S_0 + S_1 + S_2 = 2^n$$

$$(1+w)^n = \sum_{k=0}^{n} \binom{n}{k} w^k = \sum_{k=0}^{n} \left(\binom{n}{3k} w^{3k} + \binom{n}{3k+1} w^{3k+1} + \binom{n}{3k+2} w^{3k+2} \right)$$

$$(1+w)^n = S_0 + w S_1 + w^2 S_2$$

$$(1+w^2)^n = \sum_{k=0}^{n} \binom{n}{k} w^{2k} = \sum_{k=0}^{n} \left(\binom{n}{3k} w^{6k} + \binom{n}{3k+1} w^{6k+2} + \binom{n}{3k+2} w^{6k+4} \right)$$

$$(1+w^2)^n = S_0 + w^2 S_1 + w S_2$$

Et sachant que :

$$1 + w + w^2 = 0$$

On obtient :

$$\begin{cases} S_0 + S_1 + S_2 = 2^n \rightarrow (1) \\ S_0 + w S_1 + w^2 S_2 = (-w^2)^n \rightarrow (2) \\ S_0 + w^2 S_1 + w S_2 = (-w)^n \rightarrow (3) \end{cases}$$

Et en sommant ces trois équations, il vient :

$$(1) + (2) + (3) \rightarrow S_0 = \frac{1}{3}\left(2^n + (-w)^n(w^n + 1)\right) = \frac{1}{3}\left(2^n + 2\cos\left(\frac{\pi n}{3}\right)\right)$$

On trouve ensuite sans difficultés :

$$(1) + (2)w^2 + (3)w \rightarrow S_1 = \frac{1}{3}\left(2^n + (-w)^n w(w^{n+1} + 1)\right) = \frac{1}{3}\left(2^n - 2\cos\left(\frac{\pi(n+1)}{3}\right)\right)$$

Et :

$$(1) + (2)w + (3)w^2$$

$$\rightarrow S_2 = \frac{1}{3}\left(2^n + (-w)^n w^2(w^{n-1} + 1)\right) = \frac{1}{3}\left(2^n - 2\cos\left(\frac{\pi(n-1)}{3}\right)\right)$$

Ainsi :

$$
\begin{cases}
S_0 = \displaystyle\sum_{k=0}^{+\infty} \binom{n}{3k} = \frac{1}{3}\left(2^n + 2\cos\left(\frac{\pi n}{3}\right)\right) \\[2em]
S_1 = \displaystyle\sum_{k=0}^{+\infty} \binom{n}{3k+1} = \frac{1}{3}\left(2^n - 2\cos\left(\frac{\pi(n+1)}{3}\right)\right) \\[2em]
S_2 = \displaystyle\sum_{k=0}^{+\infty} \binom{n}{3k+2} = \frac{1}{3}\left(2^n - 2\cos\left(\frac{\pi(n-1)}{3}\right)\right)
\end{cases} \qquad 17
$$

Les racines de l'unité permettent de filtrer une somme de coefficients binomiaux. On peut alors généraliser ce cas à n'importe quelle fréquence (ici de 3 en 3). Voici comment :

$$
\sum_{k=0}^{+\infty} \binom{n}{3k+r} = \frac{1}{3}\sum_{s=0}^{3-1}\sum_{k=0}^{n}\binom{n}{k}w^{s(k+3-r)} = \frac{1}{3}\sum_{s=0}^{3-1}(1+w^s)^n w^{s(3-r)} \; avec\; r=\{0;1.2\} \quad 18
$$

Car :

$$
w^{3s} = 1 \; et \; w^{-rs} = w^{(3-r)s} \qquad 19
$$

Et enfin, de manière globale :

$$
\sum_{k=0}^{+\infty} \binom{n}{qk+r} = \frac{1}{q}\sum_{s=0}^{q-1}\sum_{k=0}^{n}\binom{n}{k}w^{s(k+q-r)} = \frac{1}{q}\sum_{s=0}^{q-1}(1+w^s)^n w^{s(q-r)} \; avec\; 0 \le r < q \quad 20
$$

C'est remarquable ! On sait calculer n'importe quelle somme de coefficients binomiaux avec un saut régulier de q en q. Cela peut-il s'appliquer à d'autres sommes de fonctions ? Oui.

R.S.
17/05/23

5. Fonction puissance

Etudions la fonction suivante :

$$f_p(x) = a^{px} \text{ et } a \neq 1 \rightarrow \sum_{x=0}^{N-1} f_p(x) = \frac{1 - a^{pN}}{1 - a^p} \qquad 21$$

Avec :

$$w^s = e^{\frac{2i\pi s}{q}} \text{ et } \sum_{s=0}^{q-1} w^s = 0 \text{ avec } 0 \leq s < q \qquad 22$$

On cherche la somme de f à une fréquence q. Soit :

$$\sum_{x=0}^{N-1} f_p(qx) = \frac{1}{q}\sum_{s=0}^{q-1}\sum_{x=0}^{N-1} f_p(x)w^{sx} = \frac{1}{q}\sum_{s=0}^{q-1}\sum_{x=0}^{N-1}(a^p w^s)^x = \frac{1}{q}\sum_{s=0}^{q-1}\frac{1 - (a^p w^s)^N}{1 - a^p w^s} \qquad 23$$

Par exemple :

$$q = 2 \rightarrow 1 + w = 0 \rightarrow w = -1$$

Soit :

$$\sum_{x=0}^{N-1} f_p(2x) = \frac{1}{2}\left(\frac{1 - (a^p)^N}{1 - a^p} + \frac{1 - (-a^p)^N}{1 + a^p}\right)$$

$$= \frac{1}{1 - a^{2p}}\left(1 - \frac{a^{pN}}{2}(1 + a^p + (1 - a^p)(-1)^N)\right) = \begin{cases} \dfrac{1 - a^{pN}}{1 - a^{2p}} & \text{si } N \text{ pair} \\[2ex] \dfrac{1 - a^{p(N+1)}}{1 - a^{2p}} & \text{si } N \text{ impair} \end{cases}$$

Et :

$$\text{si } N = 101 \text{ et } p = 3 \rightarrow \sum_{x=0}^{100} f_3(2x) = \frac{1 - a^{306}}{1 - a^6} = \begin{cases} \dfrac{64 - \dfrac{1}{1024^{30}}}{63} \approx 1 \text{ si } a = \dfrac{1}{2} \\[3ex] \dfrac{2^{306} - 1}{63} \approx 1024^{30} \text{ si } a = 2 \end{cases}$$

Ou bien :

$$q = 3 \rightarrow 1 + w + w^2 = 0$$

Et :

$$\sum_{x=0}^{N-1} f_p(3x) = \frac{1}{3}\left(\frac{1-(a^p)^N}{1-a^p} + \frac{1-(a^pw)^N}{1-a^pw} + \frac{1-(a^pw^2)^N}{1-a^pw^2}\right)$$

$$= \frac{1}{3(1-a^{3p})}\left(3 - a^{pN}\begin{pmatrix}(1+w^N(1+w^N)) \\ -a^p(1+w^{N+1}(1+w^{N+1})) \\ -a^{2p}(1+w^{N+2}(1+w^{N-1}))\end{pmatrix}\right)$$

$$= \begin{cases} \dfrac{1-a^{pN}}{1-a^{3p}} \; si \; N \equiv 0 \; mod \; 3 \\[2ex] \dfrac{1+a^{p(N+2)}}{1-a^{3p}} \; si \; N \equiv 1 \; mod \; 3 \\[2ex] \dfrac{1+a^{p(N+1)}}{1-a^{3p}} \; si \; N \equiv 2 \; mod \; 3 \end{cases}$$

On sait donc exploiter les racines de l'unité à d'autres fonctions pour en calculer leur somme avec un pas modulo q. Peut-on aller encore plus loin ? Oui.

6. Séries

On sait que :

$$e^x = \sum_{k=0}^{+\infty} \frac{x^k}{k!}$$

24

Mais que vaut par exemple :

$$\left\{ \sum_{k=0}^{+\infty} \frac{x^{3k}}{(3k)!} ; \sum_{k=0}^{+\infty} \frac{x^{3k+1}}{(3k+1)!} ; \sum_{k=0}^{+\infty} \frac{x^{3k+2}}{(3k+2)!} \right\}$$

25

On procède comme précédemment pour obtenir :

$$f_x(k) = \frac{x^k}{(k)!} \ et \ x \neq 0 \rightarrow \sum_{k=0}^{+\infty} f_x(k) = e^x$$

26

Avec :

$$w^s = e^{\frac{2i\pi s}{3}} = \left\{ 1; -\frac{1}{2} + \frac{i\sqrt{3}}{2} ; -\frac{1}{2} - \frac{i\sqrt{3}}{2} \right\} \ et \ 1 + w + w^2 = 0 \ et \ w^3 = 1$$

27

On cherche la somme de f à une fréquence 3. Soit :

$$\sum_{k=0}^{+\infty} \frac{x^{3k}}{(3k)!} = \sum_{x=0}^{+\infty} f_x(3k) = \frac{1}{3} \sum_{s=0}^{2} \sum_{k=0}^{+\infty} f_x(k) w^{sk} = \frac{1}{3} \sum_{s=0}^{2} \sum_{k=0}^{+\infty} \frac{(xw^s)^k}{k!} = \frac{1}{3} \sum_{s=0}^{2} e^{xw^s}$$

$$= \frac{e^x + e^{xw} + e^{xw^2}}{3} = \frac{1}{3} \left(e^x + e^{-\frac{x}{2}} \left(e^{\frac{i\sqrt{3}}{2}x} + e^{-\frac{i\sqrt{3}}{2}x} \right) \right)$$

D'où :

$$\sum_{k=0}^{+\infty} \frac{x^{3k}}{(3k)!} = \frac{1}{3} \left(e^x + 2e^{-\frac{x}{2}} \cos\left(\frac{\sqrt{3}}{2} x \right) \right)$$

28

De même :

$$\sum_{k=0}^{+\infty} \frac{x^{3k+1}}{(3k+1)!} = \sum_{x=0}^{+\infty} f_x(3k+1) = \frac{1}{3}\sum_{s=0}^{2}\sum_{k=0}^{+\infty} f_x(k)w^{s(k+1)} = \frac{1}{3}\sum_{s=0}^{2} w^s \sum_{k=0}^{+\infty} \frac{(xw^s)^k}{k!}$$

$$= \frac{1}{3}\sum_{s=0}^{2} w^s e^{xw^s} = \frac{e^x + we^{xw} + w^2 e^{xw^2}}{3} = \frac{1}{3}\left(e^x + e^{-\frac{x}{2}}\left(e^{i\left(\frac{\sqrt{3}x}{2}+\frac{2\pi}{3}\right)} + e^{-i\left(\frac{\sqrt{3}x}{2}+\frac{2\pi}{3}\right)}\right)\right)$$

D'où :

$$\sum_{k=0}^{+\infty} \frac{x^{3k+1}}{(3k+1)!} = \frac{1}{3}\left(e^x + 2e^{-\frac{x}{2}}\cos\left(\frac{\sqrt{3}x}{2}+\frac{2\pi}{3}\right)\right) \qquad 29$$

Et :

$$\sum_{k=0}^{+\infty} \frac{x^{3k+1}}{(3k+2)!} = \sum_{x=0}^{+\infty} f_x(3k+2) = \frac{1}{3}\sum_{s=0}^{2}\sum_{k=0}^{+\infty} f_x(k)w^{s(k+2)} = \frac{1}{3}\sum_{s=0}^{2} w^{2s} \sum_{k=0}^{+\infty} \frac{(xw^s)^k}{k!}$$

$$= \frac{1}{3}\sum_{s=0}^{2} w^{2s} e^{xw^s} = \frac{e^x + w^2 e^{xw} + we^{xw^2}}{3} = \frac{1}{3}\left(e^x + e^{-\frac{x}{2}}\left(e^{i\left(\frac{\sqrt{3}x}{2}+\frac{4\pi}{3}\right)} + e^{-i\left(\frac{\sqrt{3}x}{2}+\frac{4\pi}{3}\right)}\right)\right)$$

D'où :

$$\sum_{k=0}^{+\infty} \frac{x^{3k+1}}{(3k+2)!} = \frac{1}{3}\left(e^x + 2e^{-\frac{x}{2}}\cos\left(\frac{\sqrt{3}x}{2}+\frac{4\pi}{3}\right)\right) \qquad 30$$

Plutôt efficace non ? On peut ainsi utiliser les racines de l'unités pour n'importe quel développement limité ou série de Maclaurin (issue des séries de Taylor) connue de fréquences (ou modulo) q quelconques. A savoir qu'avec :

$$f(x) = \sum_{k=0}^{+\infty} \frac{f^{(k)}(0)}{k!}x^k \ \ avec \ f^{(k)}(0) = \frac{d^k}{dx^k}f(0) \qquad 31$$

On obtient de manière généralisée :

$$\sum_{k=0}^{+\infty} \frac{f^{(qk+r)}(0)}{(qk+r)!}x^{qk+r} = \frac{1}{q}\sum_{s=0}^{q-1}\sum_{k=0}^{+\infty} \frac{f^{(k)}(0)}{k!}x^k w^{s(k+q-r)} = \frac{1}{q}\sum_{s=0}^{q-1} w^{s(q-r)} \sum_{k=0}^{+\infty} \frac{f^{(k)}(0)}{k!}(xw^s)^k$$

D'où :

$$\sum_{k=0}^{+\infty} \frac{f^{(qk+r)}(0)}{(qk+r)!} x^{qk+r} = \frac{1}{q}\sum_{s=0}^{q-1} f(xw^s)w^{s(q-r)} \ avec \ 0 \le r < q$$

32

Ce résultat est tout à fait remarquable par sa généralité et son grand nombre d'applications.

7. Intégrales

Il est parfois très difficile de calculer des intégrales. Par exemple si on sait calculer l'intégrale suivante :

$$\int_a^b f(t)dt \qquad 33$$

Mais qu'on n'arrive pas simplement à calculer celles-ci :

$$\int_a^b f(kt+r)dt \ avec \ r \in [0; k-1] \qquad 34$$

Alors avec :

$$w^r = e^{\frac{2i\pi r}{k}} \ et \ \int_0^k w^r dr = \int_0^k e^{\frac{2i\pi r}{k}} dr = 0 \ et \ w^k = 1 \qquad 35$$

On procède de la manière suivante :

$$\int_a^b f(kt+r)dt = \frac{1}{k}\int_0^k \int_a^b f(t)w^{s(t+r)}dt\,ds = \frac{1}{k}\int_0^k \int_a^b f(t)e^{\frac{2i\pi s(t+r)}{k}}dt\,ds$$

$$= \frac{1}{k}\int_0^k e^{\frac{2i\pi rs}{k}}\underbrace{\int_a^b f(t)e^{2i\pi \frac{s}{k}t}dt}_{\substack{Transform\acute{e}e \\ de\ Fourier\ avec \\ t=temps\ et \\ \frac{s}{k}=fr\acute{e}quence}}ds \qquad 36$$

On retrouve une forme de la fameuse transformée de Fourier. On peut ainsi calculer bon nombre de fonctions continues modulo k. Merveilleux, les racines de l'unité sont tout aussi exploitable dans le milieu discret que continue.

8. Conclusion

Les racines de l'unité sont une source de calculs mathématiques tout à fait efficace et redoutable. A partir du simple polynôme $x^n = 1$, on arrive à résoudre des calculs modulo k tout à fait impressionnants. Le fait de pouvoir généraliser cette notion élargit considérablement le champs des possibles. Les calculs sont relativement accessibles et les solutions élégantes. Enfin, comme les racines de l'unités sont applicables autant aux fonctions discrètes qu'aux continues, il devient possible de résoudre des intégrales complexes.

Tout ceci démontre la puissance d'une idée mathématique, à priori anodine, et de ses applications multiples. Il existe d'ailleurs d'autres exemples édifiants faisant appel aux racines de l'unité. Saurez-vous en trouver d'autres ? je vous souhaite de bonnes recherches.

9. Références

Voici quelques références en ligne utiles :

- fr.wikipedia.org/wiki/Racine_de_l%27unit%C3%A9
- nagwa.com/fr/explainers/257142752623/
- villemin.gerard.free.fr/Wwwgvmm/Type/ImagCycl.htm
- villemin.gerard.free.fr/Wwwgvmm/Type/ImagCyc1.htm

RACINES DE L'UNITE

R.S.
17/05/23